ESSAI

D'UNE

NOUVELLE ESTHÉTIQUE

BASÉE

SUR LA PHYSIOLOGIE

PAR

GABRIEL PRÉVOST

Prix : 1 fr. 25

PARIS

A, ROGER & F. CHERNOVIZ, ÉDITEURS

7, RUE DES GRANDS-AUGUSTINS, 7

1898

ESSAI

D'UNE

NOUVELLE ESTHÉTIQUE

BASÉE

SUR LA PHYSIOLOGIE

ESSAI

D'UNE

NOUVELLE ESTHÉTIQUE

BASÉE

SUR LA PHYSIOLOGIE

PAR

GABRIEL PRÉVOST

———

Prix : 1 fr. 25

———

PARIS

A, ROGER & F. CHERNOVIZ, ÉDITEURS

7, RUE DES GRANDS-AUGUSTINS, 7

—

1898

ESSAI D'UNE NOUVELLE ESTHÉTIQUE
BASÉE SUR LA PHYSIOLOGIE

Tous ceux qui jusqu'ici se sont donné pour tâche de guider l'artiste dans le choix de ses moyens de plaire, tous les professeurs d'esthétique, tous les auteurs « d'arts poétiques » et autres formulaires, qui ont la prétention d'enserrer l'art dans des règles fixes, se sont surtout basés sur l'analyse des chefs-d'œuvre dits classiques, pour en conclure les principes conduisant au but suprême de l'art, la beauté. Ils ne se sont pas aperçus que ce que nous appelons : la beauté, tient essentiellement à une certaine conformité des choses avec nos instincts et notre nature, — ce qu'aurait pu leur apprendre la diversité du beau, non seulement pour les races, mais encore pour les individus. Ils ne se sont pas non plus demandé comment les premiers créateurs de génie, dépourvus de tous précédents et affranchis de toute méthode, avaient pris contact avec l'âme des foules et avaient déterminé chez elles les sympathies attractives qui leur avaient valu leur admiration. Ils n'ont pas cherché, dans le tempérament humain et la nature intime de l'homme, les causes directes des impressions qu'ils ont produites et d'un enthousiasme qui a survécu aux années. Ils ont fait simplement l'enseignement « *d'après les maîtres* ».

« Point de maître ? dit cependant Topffer.

« Mais est-ce donc tant absurde ? *Comment firent les premiers ?* Voyons-nous que de nos jours, où les maîtres abondent, l'art ait gagné en propor tion ? Voyons-nous que ceux qui, à la Renaissance, ouvrirent la carrière, soient demeurés inférieurs à ceux qui, venus depuis, suivirent les routes frayées ? Voyons-nous que l'art se transmette ? Voyons-nous que son essence ne soit pas l'expression vierge et sans alliage d'une pensée, d'un sentiment individuel ? son charme, la candeur, la naïveté ? sa vie, la liberté, l'indépendance ? Voyons-nous enfin que les maîtres n'aient pas produit les écoles, et les écoles la manière et l'uniformité, classées, enrégimentées au grand détriment de l'art ! » [1].

Confinés, en effet, dans une observation res-

(1) Topffer : *Réflexions et menus propos d'un peintre génevois.*

treinte, les Horace, les Boileau, et à leur suite, tous les législateurs de l'*art*, entendu dans le sens large du mot, l'ont fatalement poussé dans la voie des imitations serviles, sans réfléchir que de nouveaux chefs-d'œuvre pourraient donner tort à leurs adages et mettre en défaut tout ou partie de leurs préceptes. A l'heure actuelle, les *arts poétiques*, les « canons » et toutes les codifications qui leur ressemblent sont incomplets et n'expliquent rien.

Comment arrive-t-il souvent à un artiste d'obtenir, du premier coup, un effet puissant, qui est immédiatement gâté par l'application méthodique des règles conventionnelles? — Pourquoi une pièce de vers, d'ailleurs écrite avec inspiration, est-elle sûre d'un insuccès, soit au débit, soit à la lecture, si les vers qui la terminent sont inférieurs ou simplement égaux, à la tonalité générale? — Pourquoi l'œuvre dramatique dont l'intrigue est bien menée, le dénouement naturel, court-elle à un échec certain, si, dès le début, le spectateur pressent trop clairement ce dénouement? — Pourquoi, entre deux tableaux peints avec un égal talent, la faveur du public ira-t-elle à celui qui aura volontairement subordonné les accessoires au motif principal, de préférence à celui qui aura répandu sur tous les détails le même intérêt de couleur et de lumière? — Pourquoi un architecte qui n'a pas su faire prédominer une dimension sur une autre, s'expose-t-il à produire un monument dénué de caractère et de grandeur, en dépit de ses dimensions mêmes? — Les règles purement esthétiques sont impuissantes à répondre à ces questions; la physiologie seule peut y répondre.

L'homme naît avec un instinct qui n'a pas encore reçu de nom scientifique et qui détermine tous les actes de sa vie intellectuelle. Faute d'un meilleur terme, nous appellerons : *curiosité* ce besoin de connaître, qui se manifeste de mille façons différentes, dès qu'il a ouvert les yeux à la lumière. Il est à noter, que cet instinct est plus ou moins développé chez lui, suivant la dose de son intelligence, et qu'il semble vivre de sa vie, si bien que, nul chez l'idiot, il va en s'affaiblissant chez le vieillard, jusqu'à s'effacer entièrement, aux dernières limites de la caducité. De l'impulsion de cet instinct, dérive l'*attention* (tension vers un objet déterminé), faculté maîtresse, également variable chez les individus et source directe de l'inégalité de leur valeur. Aux deux états d'éveil ou de sommeil de la curiosité correspondent le plaisir ou l'ennui intellectuels, c'est-à-dire une jouissance ou une douleur morale, dont le retentissement s'opère, d'ailleurs, sur le physique, en provoquant l'épanouissement des traits ou le baillement.

La curiosité, s'appliquant aux choses de l'art, est particulièrement intéressante à étudier, car alors le besoin de connaître a pour objet la perfection entrevue et irréalisable qu'on a décoré du nom d'Idéal. Pour y atteindre, l'art procède par *impressions*. — « C'est en réalité par la sensibilité seule que l'animal est constitué », dit Aristote. — Toutes les impressions peuvent ne pas être artistiques, mais l'art est tellement sous leur dépendance qu'on pourrait aller jusqu'à dire que l'impression est son essence même. D'ores et déjà, n'est-on pas amené à rattacher l'art à la physiologie, puisqu'il s'agit d'une action sur le cerveau par l'intermédiaire de nos sens, qui est évidemment un phénomène physiologique.

Mais il est évident que, pour la provoquer, le tableau n'agira pas à la façon du livre, ni le roman à la façon de la statue, ni le monument d'architecture à la façon du roman. Dans un cas, en effet, elle est *immédiate* et une ; dans l'autre, elle est multiple, divisée, et pour ainsi dire *déduite*. Il est donc nécessaire, pour le but qui nous occupe, d'envisager l'art dans sa double manifestation, soit qu'il s'agisse des arts que nous appellerons *narratifs*, soit qu'il s'agisse des arts *plastiques*, bien qu'il existe entre eux une grande analogie, quant à l'éveil de la curiosité.

Nous ferons, cependant, observer, dès maintenant, que, si nous avons cru devoir distinguer les arts au point de vue du *processus* de la curiosité, nous rencontrerons, dans les arts plastiques, des règles applicables aux arts narratifs, et réciproquement. Il n'en peut être autrement, puisque, dans les uns comme dans les autres, c'est toujours le même tempérament humain qui est en cause, bien qu'affecté différemment.

Dans les arts *narratifs*, musique, discours, poésie, théâtre, les sensations sont sous la dépendance les unes des autres ; elles se commandent et ne peuvent concourir à l'impression définitive qu'à la condition de tenir constamment la curiosité en haleine. A ce prix seulement, l'attention persiste et l'œuvre entière peut être parcourue jusqu'au bout. Par contre, une défaillance, trop sensible pour le lecteur ou l'auditeur, arrivera à l'interrompre brusquement, au détriment même des beautés que la suite peut renfermer : il suffit, dans un roman par exemple, de trois ou quatre pages néfastes pour que le lecteur ferme le livre et n'ait nulle envie de le rouvrir. Or, toutes les sensations du monde n'ont que trois marches à suivre : l'*égalité*, la *croissance* ou la *décroissance*. La physiologie va nous aider dans le choix esthétique à faire entre elles.

« L'habitude, a dit Bichat, *émousse la sensibilité et perfectionne le jugement.* » Cette pensée est aussi vraie dans le domaine psychologique que dans le domaine purement physique, auquel il l'appliquait. La répétition prolongée d'un acte productif de douleur ou de plaisir amène une atténuation d'impression, qui va promptement à l'effacement. Si nous arrivons à nous endormir dans une voiture roulant sur les pavés, alors qu'un cahot isolé nous éveillerait, de la même façon une représentation d'aventures poignantes, se succédant à jet continu, au lieu de déterminer en nous une émotion profonde, nous laisse froids ou nous fait sourire. Nous ne sentons pas plus les beautés d'un paysage, vu tous les jours, que celles d'une pièce de théâtre entendue seulement vingt fois de suite. Voilà pour ce qui est de la marche égale des sensations, même en les supposant portées à leur maximum d'intensité.

Dans la marche décroissante, nous avons la conscience de l'aboutissement au néant. Il s'offre à notre esprit une idée antipathique à notre instinct physiologique de conservation, dénommé aussi amour de la vie. Nous pressentons, en effet, le moment inévitable de l'aperception par insuffisance d'impression ; et malgré nous, notre curiosité, devançant ce moment, ne trouve plus de motif déterminant d'agir — et n'agit plus.

Reste donc la marche croissante, que notre organisation et notre tempérament imposent aux arts de la pensée. Analogue à la vie, ou plutôt à notre amour de la vie, elle nous montre, en effet, celle-ci dans son expression la plus attrayante de force et de durée. A un autre point de vue, plus sensible encore, elle est aussi son image, en ce qu'elle part d'un point connu pour aboutir à un terme inconnu. Elle est la mise en pratique d'un « quo non ascendam ? », dont nous nous avons en nous-même le sentiment, réel ou factice, et dont nous supposons la faculté chez celui qui se met en route, en nous invitant à le suivre. Elle seule tient notre curiosité en éveil par incertitude, car c'est elle qui est encore dans les meilleures conditions pour nous cacher le point où nous conduira celui que nous lisons ou que nous écoutons. Elle répond, en outre, à une tendance inhérente à l'âme humaine, dont les manifestations sont multiples, bien que l'habitude nous en rende, inconscients : la *tendance à l'infini*.

Nous avons une horreur instinctive pour tout terme, assigné d'avance à une chose qui nous plait ou que nous aimons. Nous sommes, tous, comme le collégien en vacances qui s'efforce d'effacer de sa mémoire la date de sa rentrée au collège, pour ne pas empoisonner ses derniers jours de distraction et de repos. De même, nous savons, tous, que notre vie a une fin, et pourtant, il n'est pire supplice que de connaître cette fin à jour fixe, si bien que le condamné à mort entre en agonie au seul aspect de la guillotine. Or, la marche croissante est encore la seule qui puisse répondre à cet état de notre âme, toujours le même, en face de toutes les œuvres d'art, sans exception. L'art — et c'est ce qui l'élève presque à la hauteur d'une religion ; voir Ruskin [1] — nous incite à monter plus haut.

(1) Ruskin : *La Religion de la beauté.*

toujours plus haut ; et la meilleure preuve de son aspiration vers l'Infini est qu'il n'existe aucun chef-d'œuvre — eût-il pour lui l'admiration des siècles — dont on puisse dire, avec la certitude d'une affirmation logique : « Nous n'irons pas plus loin ; nous ne voyons pas au-delà. »

La loi physiologique de la progression ascendante s'applique à l'œuvre narrative tout entière, dans toutes ses parties, dès et y compris le *début*.

D'où vient, en effet, le danger du début emphatique, que Boileau se borne à critiquer dans le poème épique, alors qu'il est tout aussi dangereux dans tous les genres littéraires ? C'est que, aussi bien dans un discours que dans un roman, dans un roman que dans un drame, dans une poésie que dans une nouvelle, non seulement l'emphase du début, mais encore son diapason trop monté, nous donnent à présumer que l'auteur ne dépassera pas cette hauteur et à appréhender qu'il ne nous tienne en réserve une série de désenchantements. Le contraire a lieu, si le début est simple et sans prétention ; il nous paraît facile et même nécessaire que l'auteur s'élève et prenne son vol sans effort, et nous lui faisons crédit de notre curiosité. sur la promesse qu'il nous fait implicitement de la maintenir en éveil. Le mot de Nicolet, que sa banalité fait tourner en ridicule, n'en est pas moins le mot d'un physiologiste, traduisant, dans une langue vulgaire, une loi basée sur notre tempérament.

Devrons-nous conclure de là que, suivant une loi mathématique, l'auteur d'une œuvre narrative doive, dans son développement, échafauder une série non interrompue de traits brillants, dont la conclusion serait le couronnement ? Non certes, un discours, un drame, une poésie, où cette préoccupation serait trop visible. n'auraient guère que l'intérêt d'un tour de force et risqueraient fort de remplacer une monotonie par une autre, si tant est que l'orateur, le poète ou le dramaturge aient mené à bonne fin cette besogne d'équilibriste.

Ici, intervient encore une loi physiologique, celle du *repos*, qui n'est nullement en contradiction avec la loi de progression. Dans le voyage vers l'inconnu auquel nous convie l'œuvre littéraire, il se produit le même phénomène que nous observons dans une marche un peu longue, où la fatigue musculaire appelle le repos physique et la cessation de l'effort. Nos forces cérébrales ont leurs limites et demandent à être ménagées comme les autres ; elles ne peuvent que gagner en vigueur après une détente temporaire. C'est dans ce courant d'idées que Balzac et Walter Scott, dans leurs œuvres les plus palpitantes, ne reculent pas devant des descriptions poussées presque jusqu'à l'abus, à condition de ne pas laisser perdre au lecteur le but du voyage, sans quoi le repos tournerait facilement au sommeil. L'art consiste donc à ne pas transformer le repos en arrêt définitif, et au contraire, à promettre encore à la curiosité, (surtout en ce moment), de nouvelles contrées à découvrir.

Force nous est de reconnaître que notre théorie nous conduit à condamner sans appel le genre *purement descriptif*, qui est absolument inconciliable avec n'importe quelle gradation. Et en effet, l'écrivain qui décrit un paysage de printemps, par exemple, va prodiguer « les brumes transparentes ponctuées par le vert des feuilles » « les ciels estompés de rose », « les rideaux de pourpre et d'or formés par les nuages au soleil couchant », et toutes les banalités obligées du même acabit. Il ne s'aperçoit pas que, sous la plume, en dépit de tous les efforts de l'écrivain

tendant à une variété impossible, « les rideaux
de pourpre et les ciels bleus » ont exactement la
même *valeur*, et par conséquent, ne dépassent
pas le même niveau d'émotivité. Nous verrons,
plus tard, que le peintre a de tout autres moyens
de captiver et de graduer la curiosité et l'intérêt
par les ressources que lui offre le pinceau. La
plume n'est pas, instrument de description ; le
pinceau, l'est : la littérature picturale ne vaut
guère mieux que la peinture littéraire. Quiconque
voudra s'assurer les applaudissements du public,
devra donc s'attacher à la marche ascendante,
qui lui donnera la clé de nombreux succès littéraires, obtenus par des œuvres médiocres, mais
physiologiquement très habiles.

La marche ascendante mène au *dénouement*
comme sommet.

Dans la conception de l'œuvre, le dénouement
devrait toujours se présenter le premier à l'esprit
de l'auteur. C'est lui, en effet, qu'il devra constamment avoir devant les yeux, comme point de
comparaison de toutes les parties de sa composition, de la même façon que le peintre bien
inspiré, pose, d'abord, son maximum de lumière,
afin d'établir à leur valeur relative son clair-
obscur et ses ombres. A ce point de vue, l'ana-

logie est étroite entre les deux arts de la peinture et de la littérature. Un dénouement est faible, une lumière est sourde, non pas intrinsèquement, mais par l'effet de l'opposition des valeurs avoisinantes. Un dénouement peut paraître déchoir, à la suite d'une pièce héroïque, alors qu'il serait parfaitement à sa place pour clore une pièce idyllique. Une lumière peut sembler éteinte dans un tableau de pleine lumière, alors qu'elle serait trop forte dans un tableau sombre ou de demi-jour. Il va de soi, également, que, par trop d'élévation ou d'intensité, le dénouement et le maximum de lumière peuvent détonner, s'ils dépassent de façon trop sensible l'harmonie générale de l'œuvre littéraire ou du tableau.

Cette concordance obligée des parties avec le dénouement se justifierait par mille exemples dans les arts narratifs. Elle éclate spécialement dans l'art dramatique, où une scène tragique, intercalée dans une comédie, ou réciproquement, une scène comique introduite dans une tragédie, sans rapport de valeur avec le dénouement, peuvent totalement détruire l'impression définitive ressentie par le spectateur. Il nous souvient d'une pièce où la tonalité générale est empreinte d'une sensibilité exquise : un gentilhomme pauvre, ne sachant comment offrir à déjeûner à son amoureuse, en visite chez lui, se résigne à sacrifier une colombe chérie, qui charme sa solitude. Il s'aperçoit, tout-à-coup, que la chair du rôti est coriace, et son majordome vient lui glisser à l'oreille qu'un vieux perroquet a été immolé à la place de la colombe. L'idylle, traversée par cet épisode héroï-comique, ne s'écouterait certainement pas jusqu'au bout... si elle n'était accompagnée d'une musique de génie. Le même effet se produirait, d'ailleurs, si, dans une pièce d'un bon comique bourgeois, une scène nous montrait un soldat partant pour sacrifier sa vie sur une détermination héroïque. Le dénouement n'est donc pas seulement la clôture d'une œuvre ; il en est encore pour ainsi dire, le diapason ou la note tonique, car toutes les parties sont sous sa dépendance.

Et pourtant, dans l'art comme dans la vie, existe-t-il de véritables dénouements ? Exceptons la mort, bien entendu. Mais allons plus loin : dans quelles limites faut-il dénouer ? Sommes-nous pleinement satisfaits, quand l'auteur interrompt brusquement la progression de son œuvre, en nous disant : « Un point, et c'est tout » ?

Notre tempérament est plus exigeant, et l'on serait tenté de croire que les bons dénouements ou terminaisons du roman, du poème, du drame, du discours, sont ceux qui laissent encore, après ce point final, une route à parcourir pour l'imagination de chacun de nous. Certes, il nous serait pénible d'être jetés au milieu de la route, en pays désert ou inconnu, mais il ne nous déplaît pas d'être libres d'aller plus loin que notre guide, et c'est peut-être encore une application de notre tendance a l'infini : les bons dénouements sont tout aussi bien un commencement qu'une fin.

Hâtons-nous d'en prendre un exemple dans un des chefs-d'œuvre de Molière, *le Misanthrope*. Assurément, la pièce est *dramatiquement* dénouée par la fuite d'Alceste loin d'une société qu'il déteste et par la pitié que cette fuite inspire à Célimène et à Oronte ; et néanmoins, physiologiquement, elle est si peu dénouée qu'on peut parfaitement en commencer une autre avec Alceste réfugié dans la solitude et souffrant du bonheur des deux amants, occupés à le guérir de sa manie. En ce qui concerne spécialement le théâtre, rien ne s'opposerait donc à une rénovation des dénouements, tentée par un homme de génie, qui saurait concilier l'arrêt logique des péripéties du drame avec un certain champ ouvert à l'imagination de chacun. Le mariage et la mort dénouent trop, quelque effort qu'on fasse pour varier à l'infini les conditions de l'un et de l'autre ; dans bien des cas, un mot, un geste suffiraient pour clore une situation, tout en maintenant les spectateurs dans le même courant d'idées ou d'émotions.

On pourrait presque invoquer, à l'appui de la critique des dénouements qui dénouent trop, le fameux et classique exemple du « qu'il mourût » de Corneille, suivi du regrettable vers que l'on sait. Sans doute, ce second vers est notoirement en décroissance sur celui qui le précède, mais, plus exactement, il dénoue trop : il est évident que le « qu'il mourut », et le « beau désespoir » prévoient les seules hypothèses possibles pour l'âme du vieil Horace, alors que la sublime brutalité de son premier cri nous ouvre un abîme de pensées : le patriote féroce qui est citoyen avant d'être père.

Sans faire, nous-même, œuvre d'auteur dramatique, nous permettra-t-on de préciser notre audace, en affirmant qu'une pièce pourrait être parfaitement dénouée par un *geste* heureux ou une simple interrogation, portant à réfléchir. Le geste pourrait être une lettre brûlée ou un simple croisement de bras ; et l'interrogation « Et après ? », suivant une réconciliation entre époux, pourrait fournir, à l'occasion, un dénouement sensationnel.

En résumé, le meilleur dénouement est celui que crée de lui-même l'auditeur ou le spectateur habilement impressionné.

L'instinct d'*Imitation* semble avoir donné naissance aussi bien aux arts narratifs qu'aux arts plastiques ; il est, toutefois, l'origine plus directe des arts plastiques ; et sculpteurs et peintres qui l'étudieraient physiologiquement dans ses exigences et sa façon de s'exercer, élargiraient certainement les limites de leur indépendance créatrice, avec une supériorité réelle sur les serviles disciples de toutes les formules codifiées.

L'Imitation ou propension à imiter est chez l'homme une faculté innée, dont le développement contribue, avec celui de la curiosité, à expliquer tous ses progrès. L'enfant ouvre, d'abord, ses yeux pour connaître, et quand il connaît, il imite : c'est parce que ses yeux se fixent sur quelqu'un qui parle, qu'il essaie de parler, lui-même, et que plus tard, il parlera. — « *Intellectus noster*, dit Saint Thomas, *secundum statum præsentem, nihil intelligit sine phantasmate.* » — L'homme a donc été artiste avant même d'être entré en civilisation. Il n'était encore qu'un isolé au milieu des fauves qu'il traçait déjà, sur des os de renne, la silhouette des animaux qui l'entouraient. De même l'enfant dont l'intelligence n'est pas encore ouverte, crayonne sur les murs d'informes essais de ressemblance, ou nous fait sourire, en contrefaisant des gestes ou des attitudes qu'il a surpris.

L'homme des premiers âges et l'enfant sont à peu près dans les mêmes conditions au point de vue de l'attraction imitative : ils imitent et ne sont pas imités. Que l'humanité ou l'enfant atteignent l'âge d'homme ; et cet instinct se traduira par un singulier échange entre l'individu imitant la collectivité, et la collectivité imitant un ou quelques individus.

Ce double courant imitatif, fécond en conséquences multiples, suffirait déjà à expliquer le progrès ou la décadence de l'art dans un pays. L'individu, vivant dans un milieu donné, s'imprègne, qu'il le veuille ou non, des idées et des mœurs de ceux qui l'entourent, parce qu'il a souci de plaire et qu'il sait qu'il déplaira à la majorité, si, s'affranchissant complètement de l'esclavage des idées courantes, il rétrograde vers le passé, usurpe sur l'avenir ou simplement déconcerte les appétences morales de son époque. Aucun de nous ne s'aperçoit à quel degré il sacrifie à la collectivité, qui, sous le nom d'opinion publique, lui a imposé, dès le berceau, des exemples à suivre, et continue de les lui imposer à l'âge d'homme. L'on comparerait volontiers cette contrainte à la pression atmosphérique, que nous ne sentons pas, parce qu'elle est uniforme, et qui, réalisée en valeur métrique, nous soumettrait au plus épouvantable écrasement. La moindre étude de l'histoire de l'art nous montre celui-ci fort ou faible, énergique ou mièvre, suivant que ses inspirateurs collectifs étaient eux-mêmes à une période de vigueur ou d'affaissement.

Cependant, tout personnage doué de qualités éminentes, voire toute élite dans les mêmes conditions, offerts en vedette aux yeux de la foule, et mis en relief par un prestige quelconque, déterminent l'admiration collective à se manifester en imitation attractive. Ce phénomène se produit

avec une intensité probante pour l'acteur que la
nature a paré de séduisantes apparences phy-
siques, et que, non pas seulement les imbéciles,
mais les foules suivent dans ses modes, ses gestes,
ses attitudes et même ses travers. L'imitation ne
s'étendra pas uniquement aux personnages réels
qui auront joué un rôle sur la grande scène du
monde, tels que Napoléon, par exemple ; elle
ira chercher aussi des personnages fictifs, tels
que Don Juan, si vous voulez ; et il y a bien peu
d'hommes, si même il en existe, qui n'aient pas,
à un moment donné de leur existence, essayé
de copier, sans le vouloir, ces individualités
prestigieuses, qui avaient grisé leur imagination.
L'art d'une époque n'est fait que de cet échange
constant entre la collectivité et les individus ; et
réciproquement.

L'artiste n'est qu'un imitateur intéressant. A
la différence de l'être fruste, qui imite, sans
choix, le laid aussi bien que le beau, il obéit
plus spécialement à l'impulsion qui porte la
commune moyenne vers la beauté, à l'exclusion
de la laideur. L'homme, en effet, par cela seul
qu'il existe des objets qui lui plaisent et d'autres
qui lui déplaisent, incline à la sélection esthétique. Il se peut qu'il soit fallacieusement attiré

vers une laideur, mais il ne le sera jamais que trompé par les apparences d'une beauté au moins subjective. Physiologiquement parlant, l'homme a donc une tendance à imiter le beau, sous la réserve, bien entendu, des dépravations exceptionnelles qu'a pu lui faire subir l'influence de certains milieux.

Dès lors on a peine à comprendre l'adage si connu de Boileau :

« Il n'est pas de serpent, ni de monstre odieux
Qui par l'art imité ne puisse plaire aux yeux. »

Aucun génie, fût-il Raphaël ou Rembrandt, n'aura chance de nous plaire par la reproduction artistique d'un trigonocéphale en déglutition ou l'étalage d'une plaie suppurante. Notre instinct d'Imitation, toujours latent dans nos émotions artistiques, et dont la conséquence est toujours une certaine assimilation de ce qui est mis sous nos yeux, est immédiatement en révolte. Nous aurions horreur de ressembler à ce serpent ; il nous répugnerait d'avoir le corps stigmatisé de cette plaie ; et cela suffit pour que nos yeux se détournent. Qu'on ne nous objecte pas les reptiles figurant dans le célèbre groupe antique du Laocoon, ni le monstre prêt à dévorer Andromède dans le célèbre tableau d'Ingres. Dans le premier exemple, ce n'est pas les serpents qui nous plaisent intrinsèquement, mais les corps, élégants et torturés, des victimes qu'ils étouffent ; et dans le second, le monstre ne sert qu'à exciter notre intérêt pour la jolie femme en danger qu'il s'apprête à dévorer. Sans doute, on voit, tous les jours, notre curiosité éveillée par l'impression subite d'un objet hideux, mais un instinct secret et invincible nous en éloigne, et l'admirable génie de Rembrandt n'a pu parvenir à populariser l' « Etal du boucher », qui restera, seulement pour les hommes du métier, une merveille de coloris appliqué à un sujet répugnant. La moderne théorie de « l'art pour l'art », à laquelle le classique Boileau semble avoir donné une consécration didactique, est absolument démentie par les tendances de notre tempérament.

Notre instinct d'imitation n'est pas seulement la propension à reproduire les objets ou les images qui captivent notre attention. Il détermine aussi en nous un désir d'identification ou de ressemblance avec les qualités qui nous frappent : la force, la grâce, la solidité. Cette impulsion est tout-à-fait indépendante de notre volonté. Ainsi la physiologie constate que deux êtres en cohabitation constante, deux époux, par exemple, arrivent avec le temps à une certaine similitude de physionomie générale, et il n'est pas rare de voir un acteur conserver à la ville les attitudes du personnage qu'il s'est donné la tâche de représenter à la scène. L'imitation prolongée devient, elle aussi, une seconde nature.

Cette tendance à nous identifier avec l'objet de notre admiration est bien plus grande encore quand il s'agit d'un personnage, fictif ou réel, qui est présenté à nos sens par l'intermédiaire de l'art. Or, nous ne pouvons nous y livrer qu'à la condition qu'il y ait entre lui et nous une similitude suffisante d'organisation et de façon de sentir, qui le rapproche de nous par sympathie. Nous croyons donc qu'elle ne prendrait pas naissance en face d'un être absolument dissemblable, dont nous ne comprendrions, ni le langage, ni les idées.

On s'extasie devant les beautés de la sculpture grecque, et les critiques s'évertuent à expliquer les causes qui ont porté cet art à cette sublime supériorité. Ces causes éclatent aux yeux avec notre théorie physiologique de l'art : les Athéniens avaient un culte pour l'athlétisme et l'éducation gymnastique. Les artistes qui sculptaient le Gladiateur ou l'Atalante, obéissaient au même instinct physiologique d'imitation qui poussait les jeunes gens des deux sexes à se surpasser dans les exercices du corps : l'artiste et l'athlète étaient deux imitateurs physiologiques. Nous avons entendu, un jour, un célèbre médecin donner ce conseil à un jeune élève des Beaux-Arts qui se destinait à la sculpture : « Faites de la gymnastique. » Nous avouerons n'avoir pas compris, tout d'abord, la liaison d'idées qui pouvait exister entre l'habitude d'un exercice musculaire et la pratique de l'art auquel il allait se livrer. Puis, en y réfléchissant, nous avons trouvé que le conseil avait une portée profonde. Il ne signifiait pas, en effet, que le jeune sculpteur eût à développer ses muscles pour devenir un grand homme ; mais il lui suggérait avec raison que la vue fréquente de sujets, développés dans leur structure musculaire, amènerait forcément un appel à son instinct physiologique d'imitation et le porterait à rendre, avec les outils de son métier, les beautés que, même en qualité d'homme, il eût été désireux d'égaler.

Nos impressions esthétiques dépendent à un très haut degré de notre tempérament individuel, sensible ou insensible à telle ou telle cause d'excitation cérébrale. Il se peut, en effet, très bien que notre raison nous fasse accorder à une œuvre toutes les qualités du beau, sans pour cela que nous ressentions pour elle une involontaire attraction. Certes, un esprit cultivé aurait honte de dénier la beauté aux œuvres de Michel-Ange, Beethoven ou Salvator Rosa. Il adviendra, cependant, qu'il soit plus attiré par celles du Corrège, de Donatello ou de Mozart. C'est que, à génie égal, ceux-ci feront vibrer en lui certaines fibres que ne font pas vibrer ceux-là. Les tempéraments forts, énergiques, fougueux, ont bien de la peine à entrer en communauté d'impressions avec les tempéraments doux, calmes et affectueux ; et réciproquement.

Si chacun de nous possède un tempérament individuel, il participe aussi, pour une large mesure, au tempérament de race, qui tient aux aux effets physiologiques du climat, de la nourriture, des milieux d'habitat et de leur température. A ce propos, on est conduit à se poser une question tout-à-fait actuelle, qui n'a pu surgir et prendre de l'importance qu'à la suite de la fréquence et de la facilité de communication entre les peuples. — L'art est-il cosmopolite ? —

Oui et non, suivant son degré de concordance

avec notre instinct physiologique d'imitation.

Les arts plastiques, peinture, sculpture, gravure, à l'exception toutefois de l'architecture, se prêtent, en général, au cosmopolitisme, précisément parce que les traits généraux de la race indo-européenne donnent à de nombreuses nations une identique conception de la beauté, à de très légères nuances près. Un bel homme à Pétersbourg est un bel homme aussi bien à Paris qu'à New-York. Déjà, cependant, une belle femme à Constantinople n'est plus tout-à-fait une belle femme à Paris ou à Milan ; et l'abîme se creuserait, si nous avions sous les yeux des beautés féminines africaines, présentées à nos regards dans la nudité du marbre. Disons, également, que nous verrions mal, sous nos ciels pluvieux, des maisons coloriées ou ornées de terrasses, parfaitement à leur place dans les pays ensoleillés. Qu'un nu statuaire nous vienne de la Grèce antique ou qu'il soit créé de nos jours à New-York, Vienne ou Berlin, nous reconnaissons notre structure de race, et nous ne sentons pas d'impossibilité absolue qu'un des nôtres ou nous-mêmes n'atteignent, dans ses formes, une perfection égale ou approchante. En tout cas, à supposer la statue animée, sa structure est identique à la nôtre. Il en sera de même pour la peinture de figure ou de paysage, la comparaison avec nos modèles ne mettant aucun obstacle à une assimilation sympathique. La limite n'est, cependant, pas si éloignée qu'on pourrait le penser, car un artiste qui s'ingénierait, chez nous, à faire de l'art Chinois, Indien ou Japonais, fût-ce en travaillant d'après des modèles de ces divers pays, n'arriverait à le rendre acceptable qu'en l'*européanisant*; sans parler de la peine iuutile qu'il se donnerait pour respecter la couleur locale.

Au premier abord, les arts narratifs semblent cosmopolites comme l'âme et la pensée humaines. Nous avons, en effet, naturalisé chez nous de nombreux héros ou héroïnes, appartenant au théâtre, au roman ou à la poésie, de l'Angleterre, de l'Allemagne, de l'Italie, voire de l'Amérique. Nous connaissons ou nous croyons connaître Roméo, Juliette, Werther, Francesca di Rimini, Evangéline, etc. Mais, d'abord, on a fait remarquer avec raison que ces créations géniales étaient avant tout, des types humains, c'est-à-dire n'appartenant pas essentiellement à un pays plutôt qu'à un autre, et ensuite, nous n'avons pas eu conscience de la singulière transformation que leur fait subir notre imagination, pour se les rendre assimilables et pour les mettre en accord avec notre instinct sympathique d'imitation.

Pour nous en rendre compte, prenons, si vous voulez, Roméo et Juliette, ces admirables créations du plus grand génie qui ait existé.

S'il est, certes, un type qui soit répandu sur toute la surface de la terre, c'est assurément celui de deux adolescents échangeant avec naïveté les premières ardeurs de leurs émotions amoureuses. Par ce trait général, ils sont compris chez nous, comme ils le seront dans tous les pays du globe. Pourtant, combien compterez-vous de gens, parmi ceux qui les admirent, qui aient été chercher, dans le texte même, les traits caractéristiques de leur physionomie? A peine un sur mille. Mais ceux-là même qui n'ont pas lu Shakespeare, les voient fort nettement, par la raison qu'ils les ont *francisés*. Ils les entendent parler leur langue; ils leur prêtent des visages de souvenir ; assurément, c'est bien Roméo, c'est bien Juliette ; mais ce ne sont, ni la Juliette, ni le Roméo anglais, et il suffira qu'Hamlet soit un personnage plus particulièrement saxon pour que tout le génie de Shakespeare n'ait pu le populariser chez nous. Il en est presque de ces personnages comme des mots étrangers eux-mêmes, que nous avons été contraints de transformer avec des lettres propres à notre prononciation pour les faire accepter dans notre langue.

Quelques extraits, littéralement traduits de la pièce de Roméo et Juliette, nous convaincront aisément de l'habillement français dont nous revêtons le héros et l'héroïne du drame anglais. Et d'abord, nous ne donnons pas à Juliette son âge, que Shakespeare a le soin de préciser : Juliette a treize ans ; elle serait chez nous une enfant, dont la précocité nous choquerait. Le seigneur Capulet ouvre le bal sur les mots suivants :

« Soyez les bienvenus. Messieurs : les dames dont les pieds ne sont pas affligés de cors, vont faire un tour de danse avec vous. Celle qui fait la mijaurée, je jure qu'elle a des cors. » Nous n'admettrons pas dans une pièce qui est une quasi-tragédie des plaisanteries familières confinant au grotesque.

Nous trouverons ridicule un amoureux qui compare son amoureuse à une marchandise :

« Je ne suis pilote ; cependant, fusses-tu aussi éloignée que le vaste rivage baigné par les plus lointaines mers, je m'aventurerais *pour une marchandise telle que toi.* »

Juliette et sa nourrice sont restées jusqu'à la fin du bal. Juliette demande à celle-ci les noms de trois invités qui sont encore dans la salle.

« Et quel est celui qui suit, dit-elle, et qui n'a pas voulu danser ? — Je ne sais, répond la nourrice. — Va demander son nom : s'il est marié, mon tombeau risquera fort de me servir de lit nuptial ». Cet élan à se jeter à la tête d'un inconnu, sur la seule sympathie qu'a pu inspirer sa figure, suppose admise dans les mœurs une liberté de la jeune fille, toute spéciale à la race saxonne, qui est bien près, chez nous, de nous faire récrier à l'inconvenance.

En dépit du génie de Shakespeare, qui appartient au monde entier, la vraie Juliette est anglaise, dans son langage, son humeur et la liberté de son caractère ; et nous n'arrivons à nous l'assimiler que par un travail inconscient d'imagination. Mais s'il advient que l'héroïne créée, au lieu d'appartenir à l'humanité, appartienne, corps et âme, à un pays déterminé, ce qui peut n'atténuer en rien le mérite de son créateur, elle nous deviendra absolument inassimilable, par opposition avec notre tempérament national. Le même phénomène s'est manifesté jadis, quand les Romains, conquérant la Grèce, s'imaginèrent pouvoir devenir une race d'artistes pour avoir transporté chez eux ses statues : il n'en fut rien, parce que le génie des deux races était en complète opposition. Il est fort à craindre qu'il en soit de même pour les Français modernes, qui tentent de rénover une littérature fatiguée, par l'infusion d'un sang étranger, et qui s'engouent, sans discernement, de romans et de drames dont les auteurs ne vivent pas notre vie et dont les héros sont antipathiques à notre instinct d'imitation.

Ce besoin de « pareil à nous », corrélatif à notre tendance à imiter, est, en ce qui concerne les créations des arts narratifs, plus impérieux que nulle part ailleurs, et donne, cette fois, raison à Boileau dans son précepte :

« Toutefois aux grands cœurs donnez quelques faiblesses. »

Mais pourquoi voulons-nous avoir à relever chez eux quelques faiblesses ? parce que le beau moral *absolu* dépasse la capacité humaine ; parce que « qui fait l'ange fait la bête », comme l'a dit Pascal, et qu'aucun être humain ne se sent la force d'imiter une vertu *absolue*. Nous accepterons isolément, épisodiquement, un trait sublime, parce que nous ne verrons pas obstacle à nous hausser jusqu'à lui, mais nous considérerons comme étranger à nous un personnage parfait ; donc, notre tendance à l'imiter sera nulle.

Notre science physiologique, plus avancée, nous permet d'analyser, aujourd'hui, beaucoup de sensations esthétiques qui échappaient jadis à toute définition. « On ne saurait mieux comparer, dit le docteur Despine, cité par Rambosson dans son merveilleux ouvrage sur les *Phénomènes nerveux*, la nature morale de l'homme qu'à une table d'harmonie. La résonnance d'une note fait vibrer la même note dans toutes les tables qui, étant susceptibles de la donner, se trouvent sous l'influence du son émis ». On aurait là l'explication de l'insuccès de certaines œuvres, qui, bien qu'irréprochables d'exécution, laissent l'âme du spectateur ou de l'auditeur dans un état d'apathie et d'indifférence. Tout auteur, tout créateur d'une œuvre d'art quelconque aurait tort de croire qu'il transmet simplement par la plume ou par le pinceau l'enveloppe matérielle de sa pensée ; à son insu, il nous communique encore le plaisir ou la peine qu'il a éprouvés à la produire, et pour ainsi dire, la vibration de son âme au moment de la production. L'exemple d'une pièce célèbre rendra notre thèse plus sensible : en lisant l'*Ecole des femmes* de Molière, il ne viendra à l'esprit de personne que la conception et la conduite de la pièce aient pu coûter la moindre peine à son auteur ; on sent, au contraire, qu'il avait plaisir à l'écrire et cette absence d'effort se communique au lecteur. Et pourtant, si la pièce est gaie par les mots, ou par l'écriture, pour employer un néologisme, on sent en soi-même qu'elle a été écrite par un homme en proie à la tristesse profonde d'un observateur qui n'échappe pas, dans sa vie privée, au ridicule dont il se moque. On sent des pleurs derrière son rire. Cette sorte de contagion psychique peut trouver un argument dans un exemple plus moderne. Laissons de côté la question de savoir si le Barbier de Séville de Rossini est, oui ou non, un chef-d'œuvre ; nul ne contredira que la musique en ait été composée dans un état d'âme qui était l'exubérance de la gaîté et de la jeunesse. Or, cet état d'âme est communiqué à l'auditeur.

Par un effet réflexe, physiologiquement constaté, toute souffrance d'autrui dont nous sommes témoin, amène chez nous un état pénible ; notre moi se réveille et s'inquiète à l'idée que le mal pourrait également nous atteindre. Dans cet ordre d'idées, l'effort pénible d'autrui produit en nous par répercussion une sensation désagréable ; par contre, l'exécution facile d'une chose difficile nous rassure et nous séduit par la conscience factice de pouvoir l'égaler. Avant même de transporter cette idée dans le domaine de l'art, rappelons-nous ce que nous éprouvons à la vue d'un homme pliant sous un fardeau dépassant les limites de ses forces et le plaisir que nous ressentons à la vue d'un écuyer qui triomphe, en se jouant, des efforts d'un cheval tendant à le désarçonner. Au demeurant, l'*inspiration* n'est autre qu'un état heureux de vibration cérébrale, un sentiment de puissance, transmis d'organisme à organisme par l'intermédiaire des signes de la pensée. Tout auteur ou compositeur qui croient la remplacer par le virtuosisme se trompent étrangement : leurs lecteurs ou auditeurs resteront froids ou s'exalteront, suivant le même degré de sensations auxquelles ils obéissaient eux-mêmes, en écrivant ou en composant.

L'étude du cerveau au point de vue de son impressionnabilité et de ses forces serait d'un. grand secours pour l'artiste soucieux de plaire et par conséquent d'éviter l'ennui ou la fatigue. Ainsi il ne saurait trop se pénétrer de cette vérité que notre jugement ne s'exerce jamais absolument, mais par relativité, c'est-à-dire par la comparaison d'une idée ou d'une mesure avec une autre idée ou une autre mesure prise comme étalon. Tout le monde sait que notre affirmation de hauteur ou de largeur ne peut être absolue, mais résulte simplement d'un effet de comparaison avec un type commun, que nous avons présent à l'esprit. Quand nous disons : « Voilà un grand arbre », nous exprimons simplement qu'il dépasse en hauteur la commune moyenne de ceux que nous voyons tous les jours. Cette vérité banale, comme beaucoup d'autres du même genre, a le tort d'être souvent oubliée, notamment par les artistes plastiques, pour qui elle est d'une exceptionnelle importance. Tableau, monument, statue, la première chose que cherche d'instinct le spectateur, tout aussi bien pour la forme que pour la couleur, c'est son terme de comparaison. S'il le trouve sans peine, son imagination fera le reste et dépassera peut-être votre propre pensée.

S'il le cherche péniblement, vous pourrez à la rigueur, conquérir son estime, mais vous ne déterminerez jamais son enthousiasme. Qu'est-ce donc que le contraste lui-même, sinon le résultat d'une comparaison de sensations? Il est, d'ailleurs, indiqué que, les sensations étant plus ou moins vives suivant que le tempérament est plus raffiné ou l'éducation esthétique plus complète, le contraste est également relatif et différera du tout au tout pour l'œil du sauvage ou pour celui de l'artiste.

La fatigue physiologique du cerveau, soumis à l'effort de l'attention, est féconde en conséquences dans le domaine esthétique, où nous venons chercher un plaisir et non une souffrance (1). Citons en première ligne le sacrifice des parties au tout, la nécessité du premier plan et la subordination des accessoires, exigences de notre esprit, qui s'appliquent aussi bien aux arts narratifs qu'aux arts plastiques.

La physiologie constate que tout sens mis par

---

(1) Nous citerons, à cet égard, une pensée profonde du grand physiologiste Gratiolet, qui, dans son livre *De la physionomie et des mouvements d'expression*, écrit : « Lorsque l'être sensible aime, désire, poursuit une chose, il poursuit bien moins cette chose que les sensations qu'elle détermine ».

nous en activité, et particulièrement la vue et l'ouïe, organes spéciaux des sensations esthétiques, sont dans la presque impossibilité de s'exercer sur deux ou plusieurs objets à la fois, et bien moins encore quand les nerfs de ces sens sont en état de tension, d'où l'attention. L'oreille la plus sensible ne pourra distinguer les motifs différents joués à la fois par plusieurs instruments ; et si vous vous trouvez en présence d'un corps d'armée manœuvrant à découvert dans une plaine, il suffira que vous attachiez vos regards sur un groupe isolé pour qu'aussitôt la masse générale se confonde dans un ensemble indécis.

Chevreul a montré que, pour distinguer aisément un objet mêlé à une foule d'objets différents, mais visibles au même degré, il est bon de l'isoler, de le circonscrire et d'écarter ainsi l'inconvénient qui résulte de la confusion d'une foule d'impressions égales et simultanées sur la rétine. Christian Wolf, célèbre philosophe leibnitzien, reconnaissait, avec Hippocrate, qu'une sensation forte éteint et masque en général une sensation plus faible. Les mêmes phénomènes se produiront en face d'une œuvre d'art quelconque, fût-elle semée de beautés, — et par cela même qu'elle en sera semée, — si toutes ses parties sollicitent à la fois l'attention. En peinture, en sculpture, en architecture même, nous aimons la promesse d'un ménagement de notre fatigue, par l'apparition immédiate d'un motif principal, d'une silhouette d'ensemble ; et en ce qui concerne les arts narratifs, notre intérêt serait découragé rapidement à diverger continuellement d'un personnage à un autre, placés au même rang de valeur artistique.

De là est née, très probablement, dans l'art dramatique, la fameuse « règle des trois unités » jadis imposée au théâtre, lien trop étroit qui n'a pas tardé à se rompre, fort heureusement pour un art dont elle aurait été la perte. Ce qui pouvait être vrai d'un acte, pris à part et considéré en lui-même, ne l'était plus pour toute la pièce, coupée par des entr'actes. Du moment où l'attention n'est pas physiologiquement découragée par l'effort ou la fatigue, la règle pouvait être abolie, et elle l'a été.

Th. Ribot (*Psychologie de l'attention*, avant-propos, p. 3), écrit cette phrase : « L'attention, « sous ses deux formes (spontanée et volontaire) « est un état exceptionnel, anormal, qui ne peut « durer longtemps parce qu'il est en contradic-

« tion avec la condition fondamentale de la vie
« physique : le changement. L'attention est un
« état fixe. » On ne saurait trop approfondir la
pensée contenue dans ces mots.

Nous avons, tous, l'aversion instinctive de la
fatigue physiologique ; nous sommes tous natu-
rellement portés à proportionner l'effort de notre
attention au résultat à obtenir. Or, étant donné
la localisation cérébrale, rien n'amène plus vite
la fatigue que la tension de notre esprit vers un
seul objet, même lorsque cet objet nous sollicite
par l'attrait de la curiosité. De là viennent, sous
le terme générique de *variété*, le besoin de nou-
veauté, le besoin de changer l'objet auquel s'applique notre attention, dont l'artiste habile doit
tenir compte dans tous les arts, aussi bien narratifs que plastiques. La colonnade de Perrault
est aussi ennuyeuse en architecture que le serait
en littérature un roman ou un drame qui épui-
seraient une situation unique, sans relâche et
sans repos. Il est peut-être vrai que, plus une
race est affinée, plus s'accroît en elle la tendance
à la variété ; à cet égard Paris, comme l'ancienne
Athènes, fournirait des documents à étudier.

Empreindre de variété ses idées, son style,
devrait constamment préoccuper l'artiste ; mais

il faut bien reconnaître que n'est pas varié qui veut, et que, au contraire, cette qualité ne s'acquiert que par une longue gymnastique intellectuelle. Par suite, ce signe de puissance tend à disparaître aux époques de décadence, et la nôtre, à cet égard, n'est pas tout à fait exempte de reproche. La cause en est, pour une grande part, aux moyens d'acquérir la renommée, réunis tout entiers dans la *publicité*, beaucoup plus facile à capter, en se spécialisant dans ce qu'on appelle « un genre », qu'en cultivant le plein développement de son individualité pensante. A la différence des grands artistes du temps passé, de ceux de la Renaissance notamment, qui variaient leurs créations à l'infini et s'efforçaient de n'être jamais leurs propres copistes, nous avons des peintres et des sculpteurs qui ne font qu'un tableau ou une statue, et des gens de lettres qui écrivent cent fois le même roman avec la même phrase stéréotypée. Les productions de notre époque y perdent beaucoup de chances de survie.

A la même idée physiologique se rattache, en art, le goût de l'*Imprévu*, qui n'est autre que notre désir de variété par contraste avec les choses qui ont déjà attiré ou épuisé notre faculté d'attention. L'ennui provoqué par la banalité n'a pas d'autre cause. L'art a donc toujours tort de se confiner dans ce qu'on appelle le procédé ou manière banale de traiter ou de présenter un sujet.

Le grand vice des règles purement esthétiques est d'y conduire presque fatalement. Le meilleur moyen, au contraire, de se renseigner soi-même sur sa vocation artistique serait de composer une œuvre en s'efforçant d'oublier toutes les règles, et en n'écoutant que l'inspiration, quitte à l'émender après, — mais seulement après — pour la mettre en accord avec nos instincts physiologiques.

L'imprévu a pour limites notre instinct d'ordre et par conséquent de symétrie ; le désordre, obligeant notre attention à d'inutiles efforts pour percevoir les objets, est par cela même une fatigue pour notre cerveau. Ainsi, en architecture, nous voulons, d'une part, la durée, subordonnée à l'ordre, qui, lui-même, est sous la dépendance de la solidité, et d'autre part, notre curiosité n'est satisfaite que par l'imprévu, qui exclut la symétrie, au moins dans une certaine mesure. L'étude de la nature nous fournira le moyen de concilier ces deux idées.

Quiconque a voyagé dans les Alpes a rencontré des chaos de rochers, déplacés et brisés par des soulèvements géologiques, dont le premier aspect est celui de ruines inconnues. Ce désordre n'est pas sans charme, parce que, d'un seul regard, nous embrassons facilement les détails. Cependant, voici un bloc majestueux qui n'a l'air de tenir à la montagne que par une aiguille; en fait, il est assez solidement attaché pour avoir défié l'action des siècles, ce qui est une assez bonne recommandation pour l'abri qu'il peut nous offrir; n'importe, nous éprouverons une sensation de gêne et d'inquiétude involontaire à séjourner sous sa masse menaçante, parce que la base apparente lui manque. Quelques pas encore, et par une échancrure entre deux rochers, nous apercevons une suite bizarre et ultra-fantaisiste de flèches, de dômes, de pics angulaires ou émoussés, tous différents les uns des autres et sans lien apparent entr'eux; tout aussitôt, notre regard est attiré, notre imagination en éveil va compléter d'elle-même par des galeries et des colonnades cette architecture ébauchée. Le hasard ici est bien près de faire œuvre d'art et d'être architecte.

Le style ogival, si caractérisé et si français,

nous présente, dans ses édifices et dans ses
meubles, le spécimen le plus concluant de
l'application des lois de la curiosité aux arts
plastiques. Bien que les archéologues s'efforcent
de trouver dans l'art byzantin les origines de
l'ogive, ce style fut créé de toutes pièces par de
grands artistes, inspirés d'une idée nouvelle et
n'ayant aucun précédent pour la mettre en œuvre.
Il est on ne peut plus intéressant d'étudier avec
quelle indépendance ils rompirent avec les formules consacrées jusqu'à donner, dans certaines
églises du xive siècle, une légère déviation à l'axe
du chœur sur celui de la nef. La symétrie, en
effet, ne se fait sentir, dans cet art si puissam-
ment neuf, que par l'unité générale des grandes
lignes et le principe de leur harmonie. Mais si
de l'impression d'ensemble on passe à un examen
plus attentif, on découvre une diversité étonnante
et des variations infinies sur le thème donné,
Entrez en philosophe, si vous voulez, mais en
philosophe doublé d'un artiste, dans une église
de l'époque ogivale, et vous y verrez ce que peut
faire l'architecture, guidée par la physiologie,
pour déterminer la curiosité intensive et donner
l'élan à notre faculté imaginative.

Les artistes ne se persuaderont jamais assez de cette vérité physiologique que l'art est essentiellement *subjectif* et non *objectif* [1], ou, pour être plus clair, que son but est atteint quand il a réveillé, chez chacun de nous, le maximum de sensations dont il est susceptible, et qu'il a donné prétexte à l'élan de nos facultés admiratives: Il nous plaît même, nous l'avons dit, d'être gênés le moins possible dans notre liberté tendant à l'infini. Là est l'explication du charme par nous ressenti en face d'une certaine *Imprécision* des œuvres d'art, qui se manifeste sous mille formes, aussi bien dans les arts narratifs que dans les arts plastiques.

En ce qui concerne les premiers, nous citerons : les réticences, les prétéritions, les suspensions, qui n'ont, cependant, rien de vague, puisque le plus faible effort d'intelligence nous suffit pour les compléter, et qui nous séduisent néanmoins par les raisons que nous venons d'émettre et par les échappées ouvertes sur le monde de nos propres pensées. Ce qu'il y a de

(1) — « Le jugement de goût, dit Kant, n'est pas un jugement de connaissance ; il n'est pas, par conséquent, logique mais *esthétique* (dans le sens physiologique de relevant de la sensibilité), c'est-à-dire que le principe qui le détermine est *purement subjectif.* » — Voir aussi *Hégel*, l'*Esthétique*, partie qui a trait à l'art romantique.

plus beau dans nos plus belles poésies n'est-il pas plutôt dans les *entre-lignes* que dans ce qui a été réellement écrit? Un de nos plus grands poètes, pris au hasard, A. de Musset est tout entier dans les entre-lignes. Chaque lecteur les remplit suivant sa culture; ce qui n'empêche pas qu'un poète, même égal à Musset, les gâterait en les remplissant.

Ne cherchons pas ailleurs les causes du progrès et de la diffusion dans les temps modernes de l'art musical, dont A. Karr disait : « La musique commence où la langue humaine finit ». Cet art, peut-être le premier de tous, parce qu'il ne contraint en rien la pensée de chacun de nous, doit à son imprécision même d'évoquer avec le plus d'intensité les sensations subjectives. Tout en ayant sur les nerfs une action matérielle indéniable, il laisse à chaque individu sa pleine liberté d'interprétation, à telle enseigne que, parmi les auditeurs écoutant la même musique, il se peut parfaitement qu'il n'y en ait pas deux qui soient d'accord sur la pensée réelle du compositeur qui l'a écrite. Le compositeur, lui-même, pourrait-il toujours l'indiquer? Il existe un admirable andante de Beethoven, où, d'après ses biographes, le grand artiste a voulu dépeindre le bonheur conjugal. Or, par un étrange changement de destination, c'est un morceau qu'on exécute de préférence dans les cérémonies funèbres, où il est, d'ailleurs, parfaitement à sa place. Qu'est-ce à dire? que l'homme de génie, chaste et méditatif, qui avait nom Beethoven, s'est uniquement inspiré d'une pensée d'apaisement et de mélancolie, apte à s'appliquer à toutes les impressions similaires. On raconte aussi que, à une soirée chez Georges Sand, à laquelle assistaient les plus hautes personnalités du monde des arts, chaque auditeur fut invité à traduire en mots la pensée d'une œuvre musicale que Chopin venait d'exécuter. Le célèbre écrivain ayant récolté autant d'avis que d'auditeurs, il s'adressa à Chopin lui-même, qui répondit tout simplement : « Moi? j'ai voulu écrire une sonate, rien autre chose ».

Il nous semble qu'on en doit déduire l'irrévocable condamnation de certains musicâtres contemporains, qui, sous prétexte de rénover un art qui n'en a nul besoin, s'évertuent à changer son caractère et son but, et le torturent pour lui faire exprimer des sentiments limités et précis, voire à lui faire peindre des tableaux et des paysages. La musique, ainsi transformée, devient un bruit désagréable, qui n'éveille d'autre sensation que celle d'un profond ennui.

Les arts plastiques, où la pensée revêt une forme beaucoup plus concrète, sembleraient devoir exclure toute imprécision dans le rendu. Le tableau, la statue, le monument, poussés aussi loin que possible dans la voie de la perfection, sont loin de contrarier nos jouissances esthétiques; et néanmoins, nous retrouvons tout le charme de l'imprécision dans l'*esquisse* et l'*ébauche*, et il n'est pas rare que l'œuvre, définitive et parachevée, ne perde complètement la saveur primitive de l'œuvre à peine indiquée. Les qualités que nous exigeons de ces vagues indications de la pensée de l'artiste, confirment la théorie physiologique de l'art. Remarquons, en effet, que nous les voulons aussi correctes et aussi vraies dans leur ensemble que s'il s'agissait d'une œuvre parachevée. C'est au prix d'une mise en place et d'un dessein scrupuleux qu'une sensation prendra naissance en nous, qui, en définitive, ne nous donnons pas la peine de créer à la place de l'artiste. Si, préalablement, ces conditions sont remplies et que, par suite, il y ait appel à notre sens esthétique, chacun de nous inconsciemment fait œuvre d'artiste à son tour, et éprouve un plaisir intense à terminer, dans la pleine liberté de son imagination, la statue dont il voit l'ébauche et le tableau dont il voit l'esquisse. Il s'ensuit que ces suggestives émanations de l'art ont rarement le don de séduire la foule, dénuée d'éducation psychique, et inapte à ce travail créateur, et qu'au contraire, elles parlent avec éloquence à ceux qui ont reçu l'éducation esthétique nécessaire pour en être impressionnés. On nous comprendra, si nous nous bornons à citer l'exemple des cartons de Raphaël ou des deux statues du Jour et la Nuit de Michel-Ange, brillant dans leur splendeur inachevée sous le dôme de San Lorenzo à Florence.

Même en architecture, art précis par excellence, notre imagination s'accommode avec plaisir d'une certaine imprécision. Tout le monde a pu constater l'effet heureux que produit à distance une rangée d'arbres qui dérobe la vue d'ensemble d'un monument ; ce qui faisait dire à un architecte célèbre, avec plus de raison encore que de facétie : « Architecture cachée est à moitié pardonnée. »

De nos jours, de singuliers critiques ont accusé Puvis de Chavannes de ne pas savoir dessiner !...

Il a fallu l'exposition de ses cartons pour apprendre, à la foule, d'abord, et à ces critiques ensuite, qu'il n'y a pas, dans tous nos grands maîtres, un dessinateur connaissant mieux son métier. Mais Puvis était un grand artiste, si ce n'est le premier de notre époque. Il ne tenait qu'à lui de préciser cette ligne, d'arrêter ce contour, de souligner ce coloris, de façon à ne rien laisser à l'imagination personnelle de chacun. Il a voulu, au contraire, — et c'est là du grand art — que le spectateur devînt, malgré lui, le poète et l'artiste de son œuvre, et en cela, il a été, lui-même, un grand poète et un grand artiste. Voilà ce que nous entendons par l'imprécision, qui est le fait de l'habileté spéciale du génie, dont le but est atteint, s'il vous entraîne à sa suite vers l'idéal qu'il a rêvé.

Un exemple à la portée de tous soulignerait d'une façon probante notre goût pour l'imprécision : nous voulons parler du *profil perdu*, qui, dans un tableau aussi bien que dans la nature vivante, n'est jamais laid, — à la condition que nous ignorions la personne — et qui, au contraire, nous fait toujours supposer la beauté du modèle, précisément parce que l'imagination de chacun de nous, guidée et non entravée, est libre de concevoir ce modèle sous les traits que notre éducation ou nos souvenirs nous rendent le plus conformes à notre goût esthétique.

Dans les arts dramatiques, le poète Ballande avait coutume de dire : « A la scène, c'est ce qu'on n'entend pas qui porte. » Ce paradoxe apparent cache une vérité qu'ont pu constater public et auteur, dans l'effet produit par ce qu'on appelle : *les temps*. Dans le retard à prononcer un mot, pressenti, deviné même, il s'écoule un instant très court où notre curiosité, au maximum de tension, se dispose à accorder à ce mot une portée qu'il peut même ne pas avoir en soi. Ceux qui ont entendu les deux Coquelin débiter une pièce de vers dans un salon, ont pu également s'assurer de l'art profond avec lequel ils permettent à notre propre imagination de grandir ou d'embellir des vers qu'un débit précipité eut souvent rendu médiocre. Et qu'est-ce donc, en définitive, que le *jeu de scène ?*...

L'artiste, nous le répétons, ne se pénétrera jamais assez de l'idée que l'unique but par lui à atteindre est l'éveil de l'impression chez celui auquel il s'adresse, quels que soient les moyens qu'il emploie pour y parvenir. Ici encore la physiologie lui apprendra, par exemple, que nous passons notre vie à rectifier par le jugement les données matérielles de la vision, et que, par conséquent, l'art n'a pas à s'occuper de la réalité mathématique, mais de la façon dont cette réalité agit sur nos facultés et nos organes. Dieu sait ce qu'on aurait évité de faux systèmes et de querelles de mots, si ceux qui tiennent un pinceau ou un ébauchoir, s'étaient imprégnés de ce principe, émancipation plutôt que gêne de la pensée. Que d'explications toutes simples du plaisir procuré par des œuvres d'art dites irrégulières, mais qui ont pourtant cette qualité maîtresse, comme, par exemple, la musique de tziganes, de mettre tout notre être en vibration ! Que de difficultés résolues par cette interprétation de l'esthétique !

Il nous souvient d'une discussion aussi intéressante que bizarre qui avait lieu dans l'atelier d'un artiste, à propos de la façon dont on devait peindre, dans un tableau, la roue d'une voiture traînée par un cheval au galop. — Faites ce que vous voyez, disait un peintre classique, c'est-à-dire un cercle plein, d'un ton gris participant du fond. — Mais, répliquait un critique d'art, tous les visiteurs d'une exposition éclateront de rire, s'ils aperçoivent distinctement une jante se détachant, sans point d'appui, le long des parois d'une voiture. La physiologie aurait répondu : — Sans doute, quand les rayons d'une roue sont soumis à un mouvement circulaire très rapide, l'impression mathématique est celle d'un disque plein, diversement coloré suivant la couleur même des rayons ; mais, dans le cas spécial qui nous occupe, notre jugement rectifie, malgré nous, l'impression, de telle sorte que nous distinguons les rayons. Peignez donc des rayons, quitte à les estomper, au besoin, sous un nuage de poussière explicatif.

Il nous serait facile de retrouver dans les arts plastiques, quoique sous un aspect différent, l'instinct de progression que nous avons déjà signalé dans les arts narratifs. Notre œil se plaît à être appelé vers les formes montantes de préférence aux formes horizontales ou cubiques. L'architecture nous en fournira la première preuve. Nous admirons les cathédrales gothiques, qui sont toutes en hauteur ; supposez, un instant, qu'on renverse leurs proportions, en prenant leur largeur pour hauteur et vice versâ ; nous aurons un monument hideux, qu'aucun ornement ne pourra sauver. Les monuments Grecs, eux-mêmes, dont on pourrait nous objecter les proportions, tendent également à la hauteur par les colonnes et le fronton. En peinture, toute composition qui ne dérive pas, de près ou de loin, de la pyramide, parait écrasée et sans unité. En sculpture, on sait l'élégance que les sculpteurs grecs donnaient à leurs statues, en relevant l'attache des hanches, et chacun pourrait constater l'aspect désagréable des sta-tues qui n'ont pas au moins sept têtes et demie, alors qu'une figure qui exagère la hauteur, en contenant huit ou neuf fois la tête, loin de nous choquer, nous rappelle simplement les plus belles créations de Jean Goujon et de la Renaissance.

En ce qui concerne notamment la peinture, un phénomène purement physiologique va servir de base à toute la théorie du coloris, contenue également tout entière dans la loi de progression des sensations.

On sait que, scientifiquement, la décomposi-tion des rayons solaires par le prisme nous pré-sente les ccleurs dans l'ordre suivant, en allant de haut en bas : rouge, orangé, jaune, vert, bleu, indigo, violet. Le rouge, qui occupe le som-met du spectre, exerce le maximum d'impression sur notre rétine et le violet le minimum ; pour cette dernière couleur, l'on sait même qu'il existe des rayons par delà le violet, qui par leur faible intensité, échappent complètement à notre perception. D'après ce que nous avons dit, le centre de la composition formant, pour ainsi dire, le sommet du tableau, la couleur centrale devra être en prédominance sur les couleurs latérales, sous peine de rupture d'harmonie par interruption de la marche ascendante. Pour éclairer cette théorie par un exemple, dans un tableau où la résultante d'impression serait le vert, le bleu, l'indigo ou le violet, il suffira d'un personnage ou d'un objet traité en rouge franc, sur une partie latérale du tableau, pour que ce rouge fasse immédiatement fonction de sommet, en faisant converger vers lui toutes les lignes de la composition. N'est-ce donc pas encore la physiologie qui vient fournir à l'art un enseignement esthétique ?

De ce que nous venons de dire, peuvent se dégager quelques propositions, qui serviront de conclusion et de résumé à cet essai :

Le but immédiat de l'art est de faire naître une **impression** *par l'éveil de la curiosité.*

Les lois de la curiosité sont entièrement du domaine de la physiologie.

Les arts ne diffèrent entre eux que par le processus de la curiosité; ils se ressemblent tous quant aux moyens de la susciter.

La tension du cerveau (ou attention) doit être ménagée comme celle des muscles; d'autant plus que, dans les sensations esthétiques, nous venons chercher un plaisir et non une peine.

*Dans les **arts narratifs**, la marche ascendante est celle qui s'accorde le mieux avec nos instincts physiologiques.*

La clôture d'une œuvre doit toujours laisser une latitude à notre imagination.

*En littérature, le genre **purement descriptif** est un genre faux.*

*L'instinct physiologique d'**imitation** a donné naissance aux **arts plastiques**; il n'agit que par suite d'une certaine concordance de tempérament avec l'objet qui nous attire, permettant une sorte d'identification avec les qualités qui nous frappent.*

L'imitation est réciproque entre la collectivité et l'individu.

Une œuvre d'art transmet à nos sens, non seulement une forme, mais encore l'état cérébral où était celui qui l'a composée.

La théorie de l'art pour l'art ne résiste pas à l'examen physiologique.

Notre jugement n'agissant que par relation, la forme et la couleur ont besoin d'un terme de comparaison. Le mot **valeur** *correspond à cette idée.*

*La fatigue du cerveau nécessite l'***unité***, la* **variété** *et le* **repos***.*

*L'***imprévu** *n'est qu'une forme du besoin de variété.*

L'art est essentiellement **subjectif***, et doit par une certaine* **imprécision** *mettre en éveil et laisser agir l'imagination de chacun de nous.*

Notre vision étant physiologiquement soumise à des illusions que rectifie constamment le raisonnement, le rendu mathématique est le contre-pied de la vérité esthétique.

L'analyse de l'impression physiologique produite sur notre rétine par les rayons lumineux du spectre peut servir de base à l'harmonie du coloris.

L'on voudra bien remarquer que nous ne venons pas abroger d'un trait de plume toutes les règles précédemment émises par les philosophes ou les esthéticiens ; et encore moins celles qui ont été directement déduites de l'observation de la nature humaine.

En somme, la question est bien nette : D'où

doivent dériver les règles esthétiques? De l'analyse des œuvres déjà accomplies ou de l'étude du
tempérament humain? Avec la première solution,
l'artiste, fût-il de génie, est enfermé dans le
convenu, astreint à certains genres et obsédé par
la servilité de formules discutables. Avec la
seconde, sa liberté est entière, s'il répond aux
instincts innés qui sont et resteront les mêmes
chez tous les hommes auxquels il s'adresse. En
donnant à l'art sa vraie base, qui est, encore
une fois, la science physiologique, nous lui
ouvrons des espaces nouveaux à parcourir, où
il se dirigera avec un guide, toujours sûr, dans
les moyens employés pour plaire et la certitude
de leur efficacité.

Imp. Lemercier et Alliot, 6, Rue du Pilori, Niort.

Documents manquants (pages, cahiers...)
NF Z 43-120-13